CONFÉRENCES

SUR L'ÉTAT ACTUEL DES INDUSTRIES ÉLECTRIQUES

FAITES SOUS LES AUSPICES

DE LA

SOCIÉTÉ FRANÇAISE DE PHYSIQUE

ET DE LA

SOCIÉTÉ D'ENCOURAGEMENT POUR L'INDUSTRIE NATIONALE

SUR LES TENDANCES

ET LES

RECHERCHES ACTUELLES DE L'ÉLECTROTECHNIQUE

PAR

M. Paul JANET

Professeur à l'Université de Paris, directeur du Laboratoire central
et de l'École supérieure d'électricité.

(Extrait du *Bulletin des Séances de la Société française de physique*, 1905.)

TOURS

IMPRIMERIE DESLIS FRÈRES

6, RUE GAMBETTA, 6

1905

SUR
LES TENDANCES ET LES RECHERCHES ACTUELLES
DE
L'ÉLECTROTECHNIQUE

PAR

M. Paul JANET

Professeur à l'Université de Paris, directeur du Laboratoire central
et de l'École supérieure d'Électricité.

Extrait du *Bulletin des Séances de la Société française de physique*, 1905.

TOURS
IMPRIMERIE DESLIS FRÈRES
6, RUE GAMBETTA, 6

1905

SUR LES TENDANCES ET LES RECHERCHES ACTUELLES DE L'ÉLECTROTECHNIQUE [1]

MESSIEURS,

L'industrie, comme la vie, est soumise à la loi de l'évolution : les productions et les développements industriels ne s'opèrent pas au hasard, et ce n'est que par exception que jaillit une invention de génie ; la plupart du temps, les actions de milieu agissent d'une manière presque nécessaire sur la transformation et le perfectionnement des organes techniques, et, par action de milieu, j'entends ici les besoins plus ou moins urgents dont la satisfaction s'impose d'une manière si logique que, s'ils ne sont pas remplis aujourd'hui, nous pouvons assurer qu'ils le seront demain.

Mais, tandis que l'évolution des phénomènes vitaux s'étend sur de longs siècles, celle des phénomènes industriels, surtout à l'époque où nous vivons, est si rapide que nous pouvons en saisir sur le vif et les causes et les effets.

Imaginons donc qu'un observateur, partant de l'état où se trouvait l'industrie électrique il y a une vingtaine d'années et observant l'état où elle se trouve aujourd'hui, se propose de rechercher quelles sont les raisons profondes et logiques qui ont amené les modifications successives et continues que nous constatons dans la forme, la dimension, l'agencement, les principes mêmes de nos machines ou appareils électriques ; c'est une étude de ce genre que je voudrais entreprendre devant vous : elle nous montrera dans quelle direction générale évolue l'Électrotechnique et, en prolongeant par la pensée cette évolution, dont nous aurons saisi un moment, peut-être pourrons-nous entrevoir ce que nous réserve l'avenir : cette prévision, sans doute, ne s'étendra pas bien loin ; du moins aurons-nous essayé de donner un tableau d'ensemble de ce qui constitue aujourd'hui les idées régnantes et les préoccupations dans le monde des électriciens.

(1) Conférence faite le 28 avril 1907.

I

Commençons, comme il est juste, par les génératrices du courant électrique : trois éléments ont influé sur leur forme et leurs dimensions ; ces éléments sont la puissance, la tension et la nature de la force motrice.

L'augmentation progressive de la puissance est un phénomène normal dont il n'y a pas lieu de s'étonner ; meilleur rendement des grosses unités, moindre surveillance, prix moins élevé, encombrement moins grand, telles sont les qualités qui ont peu à peu amené les constructeurs à l'étude des grandes machines ; la dynamo la plus puissante qui figurait à l'Exposition de 1889 avait 250 kilowatts ; en 1900, elle atteignait 3.000 kilowatts ; aujourd'hui on construit couramment des unités de 5.000 à 8.000 kilowatts. Il est douteux qu'on aille beaucoup plus loin, au moins dans la limite des besoins actuels ; dans une station centrale, la puissance de chaque machine ne doit être qu'une petite fraction de la puissance totale, d'abord pour que chaque machine puisse, autant que possible, fonctionner constamment à pleine charge, ce qui est une condition essentielle d'économie, ensuite pour que l'arrêt accidentel d'une machine ne produise pas de trouble grave sur le réseau ; si l'on réfléchit que, d'après les évaluations les plus récentes, les besoins d'une ville comme Paris ne dépassent pas, traction électrique mise à part, 70.000 à 80.000 kilowatts, on verra que des unités de 5.000 à 8.000 kilowatts conviennent bien en général et conviendront longtemps encore.

L'élévation des tensions s'est imposée dès que l'on a voulu étendre la portée et la puissance des transmissions électriques ; on sait, en effet, que, pour un rendement donné, la tension au départ est proportionnelle à la distance, à la racine carrée de la puissance à transmettre, et inversement proportionnelle à la racine carrée du poids de cuivre immobilisé dans la ligne ; autant de lois qui concordent pour justifier les élévations de plus en plus grandes des tensions employées.

Quelle influence cette tendance à l'élévation progressive des tensions a-t-elle exercée sur la forme et les dimensions des machines ? C'est ce que nous allons examiner rapidement.

Ce qui limite la tension qu'on peut faire produire à une machine donnée, c'est uniquement, si l'on met à part les difficultés d'isolement, la vitesse à laquelle on peut faire tourner cette machine ; et ce qui limite cette vitesse, c'est la résistance des matériaux à la force centrifuge développée à la périphérie de la partie tournante. Cette force centrifuge est donc un élément essentiel à considérer dans la comparaison des machines. Or, on démontre aisément que, à force centrifuge égale, à induction moyenne égale dans l'entrefer, et pour un même nombre de conducteurs par unité de longueur à la périphérie, la force électromotrice d'une machine croît avec son rayon et avec sa profondeur (dimension parallèle à l'axe), mais plus rapidement avec son rayon qu'avec sa profondeur : on a donc été amené naturellement à augmenter progressivement le diamètre des parties tournantes plus encore que leur épaisseur : mais en même temps, pour maintenir la force centrifuge dans des limites acceptables, il fallait réduire la vitesse angulaire de rotation : la machine moderne est donc devenue naturellement une machine de grand diamètre à marche lente. Pour fixer les idées, nous citerons les grands alternateurs de 5.000 kilowatts 11.000 volts, en service au métropolitain de New-York, qui tournent à 75 tours par minute et ont un diamètre de 5 mètres environ.

Le grand développement des moments d'inertie, la faible valeur des vitesses angulaires amena bientôt les parties tournantes des machines électriques à ressembler singulièrement aux volants des machines à vapeur : de là à confondre en un seul ces deux organes jusqu'alors séparés et à supprimer l'intermédiaire, inutile et gênant, des courroies de transmission, il n'y avait qu'un pas : c'est ce qui a été fait, et aujourd'hui l'ensemble de la machine motrice et de la machine électrique forme un tout absolument homogène, auquel doivent collaborer, sans s'ignorer l'un l'autre, l'ingénieur-mécanicien et l'ingénieur-électricien : ce sont les groupes électrogènes de nos usines modernes.

Les dynamos à courant continu et les alternateurs se sont développés à peu près parallèlement, au moins au point de vue de la perfection et de l'économie de leur construction ; mais, au point de vue de l'importance et du nombre des machines construites, les premières sont aujourd'hui bien dépassées par les seconds, à cause de la grande facilité avec laquelle le courant alternatif se prête à la production et à la transformation des hautes tensions. L'uniformité de types a succédé à la variété d'autrefois, et les machines d'aujourd'hui sont en général caractérisées par une symétrie parfaite autour de l'axe.

Pour la dynamo à courant continu, la forme multipolaire, avec couronne de pôles inducteurs extérieure et fixe, armature induite intérieure et mobile, est aujourd'hui absolument générale. L'armature est constituée par un cylindre rainuré suivant ses génératrices ; les conducteurs induits, solidement encastrés dans ces rainures, ne craignent plus ni les efforts radiaux de la force centrifuge, ni les efforts tangentiels des forces électromagnétiques ; l'entrefer, cette cause de grande dépense dans l'excitation des machines, est réduit à son minimum entre les surfaces, soigneusement tournées et alésées, de l'armature et des pièces polaires.

La raison d'économie de matière, de plus en plus impérieuse dans la construction moderne, conduit à dissiper les énergies perdues (hystérésis, effet Joule, courants de Foucault), dans des volumes de plus en plus restreints ; il en résulterait, si l'on ne prenait pas de précautions spéciales, des élévations de température excessives, que l'on évite par une étude attentive de la ventilation des induits ; de nombreux canaux de ventilation sont judicieusement ménagés dans la masse de la partie tournante, qui constitue ainsi un véritable ventilateur ; quelquefois même un ventilateur spécial envoie un puissant courant d'air dans la machine.

La commutation sans étincelles sous les balais, cette pierre d'achoppement qui a si longtemps arrêté les premiers inventeurs de la dynamo, continue, malgré tous les progrès faits dans cette voie, à faire l'objet de nombreuses études : si l'on réfléchit que, au moment du passage sous un balai, le courant doit se renverser dans une section en un temps qui est de l'ordre du 500e de seconde, on comprendra, malgré l'apparence paradoxale que peut avoir cet énoncé, que les phénomènes de self-induction ont une importance plus grande dans les machines à courant continu que dans les machines à courants alternatifs : des tensions extrêmement élevées, auxquelles on a donné le nom de tensions de réactance, se développent ainsi et se manifestent, si l'on n'y porte pas remède, par des étincelles destructives aux balais : les artifices généraux que l'on emploie pour les éviter consistent soit à diminuer, soit à équilibrer autant que possible ces tensions par d'autres convenablement choisies ; je ne ferai que rappeler pour mémoire l'ancienne méthode, qui n'était qu'un pis aller, et qui consistait à décaler les balais dans le sens du mouvement ; parmi les artifices plus modernes, je me bornerai à citer celui des pôles supplémentaires parcourus par le courant total de la machine et situés sur les lignes neutres ; celui des cornes polaires dissymétriques à l'entrée et à la sortie ; celui enfin de modes d'enroulements plus ou moins compliqués de l'induit, qui peuvent présenter certains avantages au point de vue de la diminution de la tension de réactance. Quoi qu'il en soit, on comprend l'importance des études expérimentales qui ont pour objet la détermination de la forme, en fonction du temps, du courant variable qui circule, pendant la commutation, dans chaque section d'une dynamo à courant continu ; ces études deviennent de délicates expériences de laboratoire, à cause de la petitesse de l'intervalle de temps mis en jeu.

L'alternateur moderne semble, lui aussi, avoir pris sa forme définitive : il se compose, à l'inverse de la dynamo à courant continu, d'une couronne d'induit, extérieure et fixe, et d'une roue, portant les pôles inducteurs, intérieure et mobile. Le nombre de ces pôles, qui dépasse rarement 12 ou 14 dans la machine à courant continu, atteint souvent 80 et plus dans les alternateurs ; ce grand nombre est nécessaire pour produire, avec des marches lentes, les fréquences 25 ou 50 usitées dans la pratique.

Le choix de l'induit comme partie fixe des grands alternateurs s'impose pour deux raisons très simples : d'abord il est plus facile d'isoler, pour de très hautes tensions, des parties fixes que des parties mobiles soumises à la force centrifuge : et ensuite le grand moment d'inertie des inducteurs convient bien pour constituer un volant de la machine motrice. On construit ainsi, à l'heure actuelle, des alternateurs pouvant produire directement 10.000 à 12.000 volts.

Pourquoi cette disposition si logique ne s'étend-elle pas aux machines à courant continu ? Uniquement parce que, dans ces machines, les balais sont solidaires de l'inducteur, et que, par suite, si on rendait celui-ci mobile, il faudrait faire aussi tourner ceux-là, ce qu'on ne s'est pas encore résigné à faire, au moins pour les génératrices ; si on ajoute à cela que le collecteur des dynamos à courant continu est toujours une pièce délicate et dont il est difficile d'isoler convenablement les lames consécutives, on reconnaîtra sans peine que les alternateurs se prêtent mieux que les dynamos à la production directe des hautes tensions.

Comme dans la machine à courant continu, le circuit induit des alternateurs se compose de barres logées dans des rainures pratiquées suivant les génératrices de l'armature. Il comporte un, deux ou trois enroulements, suivant qu'il s'agit d'un induit mono, di ou triphasé.

Les formes des machines paraissaient à peu près définitivement fixées lorsque l'apparition des turbines à vapeur vint tout modifier : la grande vitesse à laquelle doivent tourner ces moteurs impose des formes nouvelles pour les machines électriques ; pas un instant, en effet, il ne vint à l'idée de renoncer aux avantages si précieux des groupes électrogènes et de commander par courroie ou par engrenage les anciennes machines à marche lente.

Ici encore, comme précédemment, nous aurons surtout en vue les alternateurs, bien que dès maintenant on construise également des groupes : turbine à vapeur, dynamo à courant continu.

Tout d'abord nous remarquerons que les grandes vitesses exigées par les turbines entraînent pour les alternateurs un faible nombre de pôles : la relation entre la vitesse angulaire, exprimée en tours par minute, et le nombre des pôles, pour une fréquence donnée, est représentée par une hyperbole (*fig.* 1) : on voit, par exemple, que, pour la fréquence 25, la vitesse de la machine doit être de 1.500 tours par minute si l'alternateur est bipolaire et de 750 s'il est à 4 pôles : il résulte de là qu'aux grandes vitesses on a très peu de choix pour la vitesse et pour le nombre de pôles ; les machines lentes, au contraire, sont beaucoup plus souples et permettent une grande indétermination dans le choix des vitesses et du nombre de pôles : la *fig.* 1 le montre clairement. C'est là une difficulté sérieuse dans la construction des turbo-alternateurs.

En fait, les turbines sont construites en général pour 3.000 ou 1.500 tours par minute, quelquefois 750 ou 500.

A ces grandes vitesses, on ne pouvait plus songer aux inducteurs volants de grand diamètre : il fallut donc, bon gré mal gré, réduire ce diamètre, et revenir aux faibles diamètres d'autrefois ; mais, comme on prétendait garder le terrain conquis dans l'élévation des puissances et construire des turbo-alternateurs de 5.000 kilowatts et plus, deux moyens seuls restaient disponibles : allonger la machine parallèlement à l'axe, et, si cela ne suffisait pas, élever, grâce à des perfectionnements de la construction mécanique, la force centrifuge tolérée à la périphérie de la partie tournante.

L'un et l'autre procédé ont été employés : en effet, si nous comparons *fig.* 2 les dimensions analogues des inducteurs tournants de deux alternateurs triphasés de 350 kilowatts, 2.000 volts entre bornes, mus l'un par turbine à 3.000 tours par minute, l'autre par machine à vapeur à 142 tours par minute, nous voyons : 1° que la dimension

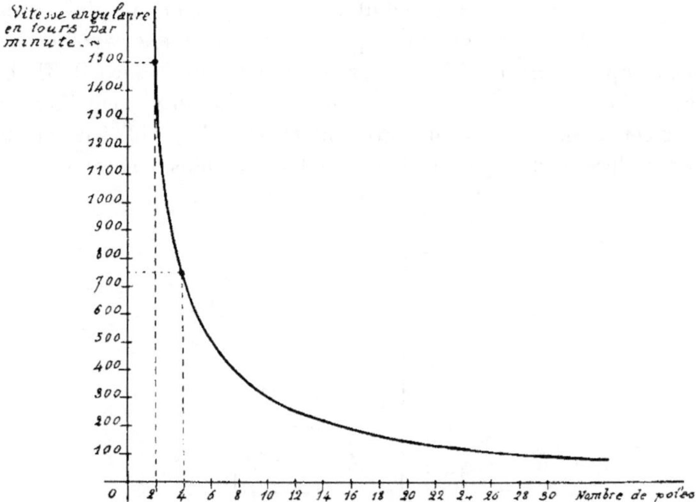

Fig. 1. — Relation entre le nombre de pôles, et la vitesse angulaire d'un alternateur devant donner la fréquence 25.

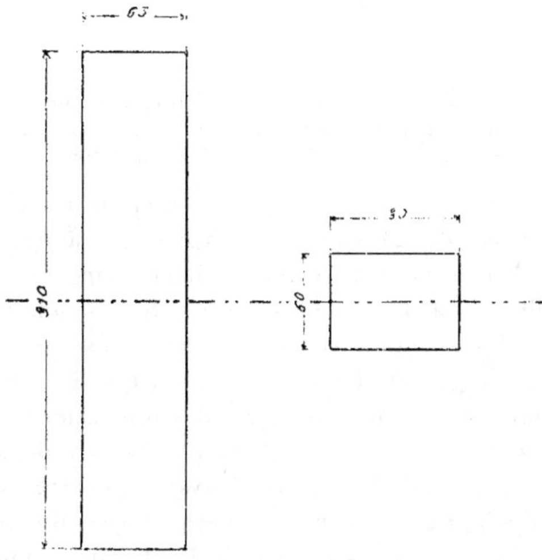

Fig. 2. — Dimensions comparées des parties tournantes d'un alternateur-volant et d'un turbo-alternateur de même puissance (350 kilowatts) et de même tension (2.000 volts) ; vitesses respectives : 142 et 3.000 tours par minute.

parallèle à l'axe s'est allongée dans le turbo-alternateur de 65 à 80 ; 2° que le diamètre s'est réduit dans une proportion plus grande de 310 à 60 ; 3° comme conséquence, que la force centrifuge est beaucoup plus grande dans le premier que dans le second. Un calcul facile montre que, dans le premier, la force centrifuge est de 2.500 grammes-force par gramme-masse à la périphérie avec une vitesse de 80 mètres par seconde, tandis que, dans le second, elle est

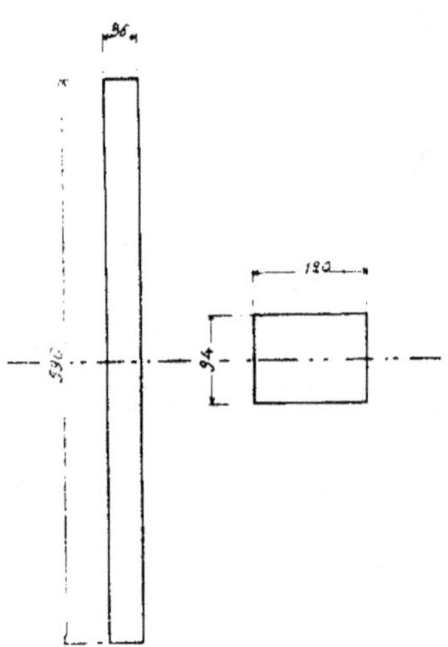

Fig. 3. — Dimensions comparées des parties tournantes d'un alternateur volant et d'un turbo-alternateur de même puissance (2.000 kilowatts) et de même tension 5.000 volts : vitesses respectives : 70 et 1.500 tours par minute.

seulement de 40 grammes-force par gramme-masse à la périphérie avec une vitesse de 24 mètres par seconde. La *fig.* 3 permet la même comparaison pour deux autres alternateurs.

On conçoit aisément que, dans ces conditions, une augmentation de puissance des turbo-alternateurs ne peut plus guère être recherchée dans une augmentation de vitesse, et que le seul moyen qui reste disponible est un accroissement des dimensions parallèlement à l'axe : nous trouvons ainsi que deux alternateurs de 5.000 volts à 1.500 tours par minute, l'un de 480 kilowatts, l'autre de 2.000 kilowatts, ont à peu près le même diamètre (95 centimètres environ), mais ont des longueurs respectives de 46 et 120 centimètres (*fig.* 4).

Ces efforts excessifs, devant lesquels on aurait reculé dans la construction ancienne, ont conduit à des formes toutes nouvelles pour les inducteurs tournants ; il n'y a plus de pôle saillant ; l'âme de l'inducteur est un cylindre rainuré suivant les génératrices : les conducteurs, parcourus par un courant continu, qui font de cet inducteur un puissant électro-aimant, sont logés dans les rainures et maintenus en place par des coins très résistants et solidement encastrés ; les portions de fils extérieures aux rainures sont enroulées sur une portion lisse du cylindre et maintenues en place par des frettes métalliques solides ; si l'on réfléchit que ces frettes peuvent subir des efforts

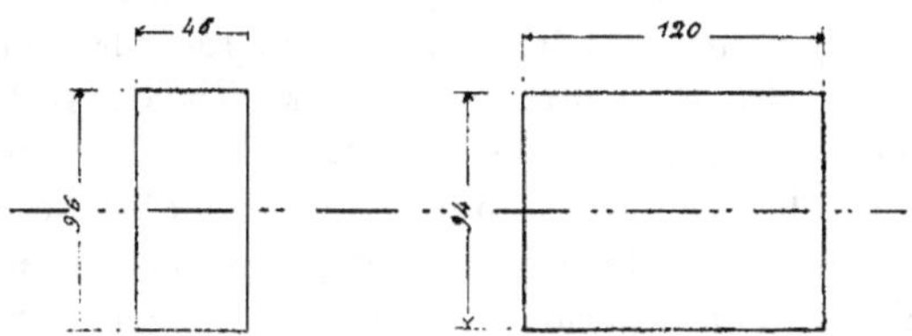

Fig. 4. — Dimensions comparées des parties tournantes de deux turbo-alternateurs, l'un de 480 kilowatts, l'autre de 2.000 kilowatts (5.000 volts, 1.500 tours par minute).

de 30 kilogrammes par millimètre carré et, d'autre part, n'être pas magnétiques pour éviter des dérivations magnétiques nuisibles, on reconnaîtra que le problème n'était pas facile à résoudre : les aciers au nickel, si bien étudiés par notre confrère, M. Guillaume, ont seuls permis d'y arriver.

Ces difficultés ne sont pas les seules ; un équilibrage parfait des parties tournantes est nécessaire, à ces grandes vitesses, tant au point de vue statique (centre de gravité sur l'axe) qu'au point de vue dynamique (coïncidence des axes de symétrie et d'inertie) : quiconque assiste, dans les ateliers de construction, à ces opérations d'équilibrage, croit retrouver, pour ces puissantes machines, les délicates méthodes de nos laboratoires de physique.

Tous ces obstacles, et bien d'autres encore, ont été surmontés, et dès maintenant le turbo-alternateur semble être la grande machine de l'avenir.

II

Trois grands problèmes préoccupent actuellement les électriciens au sujet des alternateurs ; ce sont : 1° le couplage ; 2° le compoundage, et 3° la destruction des harmoniques.

1° Le couplage en parallèle des alternateurs s'est imposé dès que l'on a réalisé des grandes usines composées de plusieurs groupes électrogènes devant entrer successivement en fonction suivant les demandes de puissance sur le réseau; toutes les machines devant avoir exactement la même fréquence, leur isochronisme rigoureux s'impose, d'où une difficulté toute nouvelle que ne connaissaient pas les dynamos à courant continu.

Les propriétés mêmes des courants alternatifs, heureusement, apportent une solution à un problème que des régulateurs de vitesse purement mécaniques auraient été incapables de résoudre : en effet, si une machine tend à se mettre en avance sur les autres, la puissance qu'elle doit fournir augmente et la fait ralentir; sa marche a donc tous les caractères d'un équilibre stable; l'équilibre, troublé un instant par une cause accidentelle quelconque, se rétablit par une série d'oscillations dont la période dépend uniquement du moment d'inertie et des constantes électriques de l'alternateur; la loi de ces oscillations est celle du mouvement pendulaire, et leur période est par conséquent proportionnelle à la racine carrée du moment d'inertie et en raison inverse de la racine carrée du couple développé par un écart angulaire égal à l'unité.

Lorsque l'alternateur est conduit par une machine à vapeur à piston, le couple moteur lui-même est périodique, et la marche de la machine sera d'autant plus stable que sa période d'oscillation propre et la période du couple moteur seront plus différentes; au contraire, si ces périodes coïncident ou sont voisines, les oscillations s'amplifieront, et bientôt l'alternateur tombera hors de phase, accident qui peut être des plus graves, le réseau se trouvant en court-circuit sur l'alternateur *décroché*. On reconnaît là la théorie ordinaire de la résonance, qui joue un si grand rôle dans toutes les parties de la physique.

Il est essentiel non seulement d'éviter autant que possible des oscillations, mais de les amortir rapidement dès qu'elles tendent à se produire; c'est là le rôle des circuits amortisseurs de M. Leblanc, qui consistent en une série de barres de cuivre traversant de part en part les pôles inducteurs, et mises en court-circuit de part et d'autre de la machine par deux cercles également en cuivre. Ce système joue exactement le rôle du cadre d'aluminium qui, dans certains modèles, amortissait les oscillations du galvanomètre Deprez-d'Arsonval.

L'étude des conditions du maintien rigoureux de l'isochronisme des alternateurs couplés a conduit à une conclusion paradoxale ; c'est que les régulateurs de vitesse des machines motrices devaient ne pas être trop sensibles; certains auteurs même ont été jusqu'à dire : devaient être supprimés, sauf un seul. On conçoit en effet que si, lorsqu'une avance d'un des alternateurs se produit, la machine motrice a un régulateur assez sensible pour s'accommoder immédiatement au supplément de puissance exigé par cette avance, le mecanisme purement électrique du maintien de l'isochronisme, que nous avons décrit plus haut, ne pourra se produire, et l'écart angulaire de l'alternateur ira en s'exagérant de plus en plus.

2° Le compoundage des machines électriques est un problème déjà ancien, puisque Marcel Deprez en a donné une solution bien connue, pour la dynamo à courant continu, dès 1881. Ce problème consiste. comme on le sait, à maintenir automatiquement la tension constante aux bornes d'une machine, quels que soient les incidents qui se produisent sur le réseau qu'elle alimente. Or, ce problème est beaucoup plus difficile à résoudre pour les alternateurs que pour les machines à courant continu : dans les alternateurs, en effet, la chute de tension aux bornes, pour une excitation donnée, dépend de deux variables. le débit et la différence de phase entre le courant et la tension, tandis que, pour les machines à courant continu, elle ne dépend que d'une variable, qui est le débit.

Si le compoundage avait uniquement pour but d'éviter un réglage à la main pour le remplacer par un réglage automatique, il serait déjà important, mais ne le serait que dans des cas particuliers.

Mais ce qui fait la véritable importance du compoundage des machines et en particulier des alternateurs, c'est qu'il permet une économie sensible sur leur construction.

Ce point de vue n'est pas évident, et mérite d'arrêter quelques instants notre attention : prenons un alternateur ordinaire, à faible chute de tension; en augmentant la profondeur des rainures de l'induit, nous pouvons y loger plus de fils ; en diminuant l'entrefer. nous pouvons augmenter, pour une même excitation, le flux utile ; toutes ces modifications augmentent, sans dépense de matière, la tension de la machine, et par suite sa puissance ; mais elles augmentent aussi la réaction de l'induit, de sorte que, pour maintenir constante la tension entre la marche en charge et la marche à vide, la gamme des variations du courant inducteur doit être telle que le réglage à la main devient impossible ; c'est ici qu'intervient l'utilité du compoundage; des solutions purement électriques du problème ont été données dans ces dernières années par MM. Maurice Leblanc, Boucherot, Blondel; des solutions électromécaniques, c'est-à-dire faisant entrer en jeu simultanément le réglage de l'excitation et celui de la machine motrice, par M. Routin et M. Picou.

Le système de M. Boucherot, qui paraît le plus répandu à l'heure actuelle, consiste dans l'emploi sur chaque phase de deux transformateurs, l'un dont le primaire est en dérivation sur les bornes de l'alternateur, l'autre dont le primaire est en série avec le circuit général. Les secondaires de ces transformateurs, convenablement calculés, sont en série, et les forces électromotrices ainsi obtenues sont utilisées à produire un champ tournant dans l'entrefer d'une machine spéciale qui servira d'excitatrice. Dans ce champ tourne, avec une vitesse différente, un induit à collecteur monté sur l'axe même de l'alternateur; grâce à un enroulement spécial de cet induit, on s'arrange pour que les pôles électriques restent fixes sur le collecteur, comme dans les machines à courant continu ordinaires; des balais placés en ces points recueillent donc un courant continu qui sert à l'excitation de l'alternateur principal et dont l'intensité se règle automatiquement pour maintenir constante la tension aux bornes.

3° Les forces électromotrices produites par les alternateurs ne sont pas rigoureusement sinusoïdales; comme toute fonction périodique du temps, elles peuvent être considérées comme la superposition d'un terme fondamental, le plus important de tous, et d'une série d'harmoniques de périodes sous-multiples de la période principale; ces harmoniques sont dus à deux causes : en premier lieu, aux formes respectives des pièces polaires et des bobines induites; en second lieu, à la présence sur l'armature des rainures et des dents qui produisent des fluctuations du flux et, par suite, de la force électromotrice; on peut prévoir sinon la grandeur, au moins l'ordre de ces derniers : par exemple, un alternateur triphasé à une rainure par pôle et par phase donne surtout les harmoniques qui ont 5 fois et 7 fois la fréquence du terme fondamental : de même, pour 2 rainures par pôle et par phase, il donne les harmoniques 11 et 13, et enfin, pour 3 rainures par pôle et par phase, les harmoniques 17 et 19, et ainsi de suite.

La production de ces harmoniques est à tous les points de vue nuisible, et l'on voudrait à tout prix se rapprocher d'une courbe sinusoïdale; de nombreuses tentatives ont été faites dans ce sens; on a taillé d'une manière plus ou moins empirique les bords des pièces polaires; on a incliné les rainures sur les génératrices du cylindre d'armature ; on a proposé de composer l'induit de deux moitiés légèrement décalées l'une par rapport à l'autre; tous ces moyens ont donné de bons résultats ; mais ce n'est que tout récemment que M. Maurice Leblanc s'est attaqué directement au problème et a présenté ce qu'il a appelé énergiquement : un étouffeur d'harmoniques. Ce système, fondé sur un principe analogue à celui de l'amortisseur, et qui n'est autre chose qu'un amortisseur de grande résistance, est encore trop nouveau pour qu'on puisse porter un jugement sur lui.

III

Les diverses génératrices électriques étant ainsi décrites, voyons la place qu'elles tiennent dans les stations centrales modernes.

Les moteurs qui les conduisent peuvent être hydrauliques, à vapeur ou à gaz.

Nous n'avons pas à rappeler ici l'importance des installations hydro-électriques : on évalue à plus de 500.000 chevaux la puissance ainsi utilisée en France. Basses chutes à grand débit, hautes chutes à faible débit, voilà les deux extrêmes entre lesquels se placent toutes les grandes usines existantes. Comme exemple des premières, nous citerons l'usine des forces motrices du Rhône, à Jonages, près de Lyon, qui produit 12.000 chevaux avec une chute de 11 mètres et des alternateurs à marche lente de 120 tours par minute ; comme exemple des secondes, l'usine de Vouvry, près du lac de Genève, qui utilise une chute de 1.000 mètres de hauteur, avec des alternateurs de 2.000 kilowatts à grande vitesse, à induit tournant, qui font 1.000 tours par minute.

L'installation hydro-électrique la plus grandiose à l'heure actuelle est celle du Niagara, où l'on trouve à la fois un débit colossal et une hauteur déjà très notable (40 mètres environ). Cette installation se partage entre 5 compagnies qui peuvent disposer de 750.000 chevaux, sur lesquels 155.000 seulement étaient installés en octobre 1904, et 115.000 vendus ; le capital immobilisé par ces cinq compagnies est de 132.500.000 francs.

Dans les installations mues par la vapeur, l'ancienne machine à piston est encore loin d'être détrônée par la turbine : la double et triple expansion, la surchauffe, les économiseurs, l'augmentation de la puissance des unités ont abaissé la consommation à 5 kilogrammes de vapeur par cheval-heure.

Comme exemple d'une des plus importantes stations à vapeur du monde, nous citerons celle du métropolitain de New-York, qui alimente 800 trains circulant sur un réseau souterrain de 24 kilomètres environ. Cette station comprend 9 groupes électrogènes de 8.000 chevaux chacun. Les machines à vapeur sont à double expansion, avec cette disposition particulière que les cylindres à haute pression sont horizontaux et les cylindres à basse pression verticaux, la course des pistons étant la même pour chacun d'eux.

Le caractère d'homogénéité que nous avons reconnu dans les groupes électrogènes se retrouve dans l'ensemble des grandes usines à vapeur telles que celle dont nous parlons maintenant; la manipulation du charbon et des cendres prend un caractère tout à fait scientifique : le charbon est élevé, par des wagonnets se mouvant sur plan incliné, jusqu'au faîte du bâtiment où, suivant un usage très répandu maintenant, se trouvent les soutes à charbon, en sorte que, ce premier travail effectué, c'est la pesanteur seule qui conduira le charbon des soutes aux foyers des chaudières, puis les cendres des foyers aux wagonnets destinés à les enlever; le chargement des chaudières se fait d'une manière tout à fait automatique, et les chauffeurs sont entièrement supprimés; partout la main-d'œuvre est réduite à sa plus simple expression; toute la manœuvre des wagonnets se fait par traction électrique et moteurs à courants alternatifs; ce système est capable d'élever 200 tonnes de charbon par heure, ce qui est beaucoup plus que suffisant, puisqu'on peut admettre en nombre rond que, à pleine charge, une usine de 80.000 chevaux, comme celle-ci, brûle 80 tonnes de charbon par heure. Une remarquable installation du même genre est à citer au Métropolitain de Paris.

Nous avons déjà attiré l'attention sur l'importance tous les jours plus grande que prennent les groupes électrogènes mus par turbine à vapeur : la turbine de Laval, qu'on ne peut se dispenser de citer ici [1], la turbine Parsons, la première qui ait réalisé de grandes puissances avec des marches relativement lentes, la turbine Rateau en France, la turbine Curtis en Amérique, sont les plus connues.

---

[1] Voir *Bulletin de la Société de Physique*, 1894, p. 147.

Malgré l'inconvénient de leur grande vitesse, les turbines ont tellement d'avantages que leur usage se répand de jour en jour : cela est si vrai que la Commission chargée de l'étude du régime futur de l'électricité à Paris n'a pas hésité un instant à recommander, pour une installation qui atteindra 80.000 kilowatts, l'usage de turbo-alternateurs de 5.000 kilowatts chacun. Il est curieux de constater que l'on retrouve aujourd'hui, sous ces formes puissantes, le principe qu'Héron d'Alexandrie avait utilisé il y a plus de vingt siècles dans une machine qui n'était qu'un jouet.

Le principal avantage des turbines, qu'elles doivent précisement à leur grande vitesse, est le moindre encombrement : un groupe de 3.200 kilowatts pèse 20 tonnes, dont 9 pour la turbine et 11 pour l'alternateur ; le même groupe, avec une machine à piston, pèserait 400 tonnes : — le premier a un encombrement horizontal de 16 mètres de long sur 3^{m},50 de large, soit 56 mètres carrés ; le second occuperait environ 280 mètres carrés, c'est-à-dire 5 fois plus. La turbine Curtis, dont l'axe est vertical, a un encombrement horizontal encore plus réduit, 7 0/0 de celui d'une machine à vapeur de même puissance.

Les turbines comportent encore de nombreux avantages : la circulation uniforme de la vapeur toujours dans le même sens laisse chaque point à la même température, et par suite évite les condensations et vaporisations successives si nuisibles dans la machine à vapeur ; la régularité de la vitesse et l'absence de tout couple périodique sont, comme nous l'avons vu, des avantages précieux au point de vue du couplage des alternateurs ; l'absence de matières lubréfiantes dans les parties en contact avec la vapeur permet une surchauffe plus considérable que dans les machines à vapeur ordinaires, où les huiles sont détruites par une surchauffe trop élevée et où l'on ne peut guère dépasser 250°, tandis qu'on va jusqu'à 300° dans les turbines ; l'eau de condensation qui n'est pas souillée par des matières grasses peut immédiatement servir à l'alimentation de la chaudière. Grâce à toutes ces qualités, la consommation de vapeur s'est abaissée aujourd'hui à moins de 5 kilogrammes de vapeur par cheval-heure, c'est-à-dire est devenue comparable à celle des meilleures machines à vapeur.

L'inconvénient le plus grave est la nécessité d'une condensation extrêmement parfaite : on atteint aujourd'hui couramment des vides de quelques centimètres de mercure, le rendement de la turbine baissant extrêmement vite avec un mauvais vide au condenseur (1), ceci exige une alimentation en eau très abondante et telle qu'on ne la peut trouver, pour de grandes installations, qu'au bord d'un fleuve ou d'une rivière; un autre inconvénient est la difficulté de construire des groupes de faible puissance, non au point de vue de la turbine, qui, au contraire, se prête très bien à ces faibles puissances, mais au point de vue de l'alternateur et surtout de la dynamo à courant continu.

Un usage extrêmement intéressant des turbines à basse pression a été fait par M. Rateau pour utiliser les vapeurs d'échappement des machines à vapeur ordinaires sans condensation; ces vapeurs s'écoulent d'une manière intermittente à chaque coup de piston; grâce à un appareil extrêmement ingénieux, qu'il nomme un accumulateur de chaleur, dont la capacité calorifique emmagasine, puis restitue de la chaleur, M. Rateau transforme cet écoulement intermittent en écoulement continu propre à alimenter une turbine : c'est ainsi qu'aux mines de Bruay la vapeur d'échappement d'une machine d'extraction, à $0^{kg},9$ par centimètre carré, est détendue par l'intermédiaire d'un accumulateur de chaleur, d'une turbine à basse pression et d'un condensateur jusqu'à la pression de $0^{kg},15$ par centimètre carré. La turbine actionne deux dynamos à courant continu dont l'énergie, aux frais d'installation près, est absolument gratuite, puisqu'elle utilise des vapeurs qui auparavant se perdaient librement dans l'atmosphère. Si l'on réfléchit que, dans les mines par exemple, certaines machines d'extraction consomment en moyenne 5.000 à 6.000 kilogrammes de vapeur par heure ; que, dans les aciéries, certains laminoirs consomment jusqu'à 20.000 kilogrammes de vapeur par heure, et que ces machines marchent souvent sans condensation, on verra que, par l'application des turbines à basse pression et d'une condensation aussi parfaite que possible, on pourra gagner de 600 à 700 chevaux dans le premier cas, et près de 2.000 dans le second (2), qu'on pourra utiliser et transporter sous forme électrique.

La dernière source motrice que nous avons à examiner est le

(1) Un kilogramme de vapeur se détendant depuis la pression de 10 kilogrammes par centimètre carré jusqu'à la pression atmosphérique normale donne théoriquement 39.000 kilogrammètres; se détendant jusqu'à une pression de $0^{kg},206$ par centimètre carré, il donne 59.000 kilogrammètres, et jusqu'à une pression de $0^{kg},070$ par centimètre carré, 73.000 kilogrammètres.

(2) Voir P. Chalfil, *l'Utilisation des vapeurs d'échappement*, *Revue générale des Sciences*, t. XV, p. 1041.

moteur à gaz : réduit pendant bien longtemps à la production des petites puissances, il s'est développé depuis quelques années avec une rapidité extraordinaire ; on peut voir aujourd'hui des moteurs à gaz à quatre cylindres en double tandem, à double effet, de 6.000 chevaux, ayant un rendement thermique (rapport entre la puissance utilisée et la puissance contenue dans la houille) de 38 0/0.

Il va sans dire que ces puissantes machines n'utilisent pas le gaz de ville ; elles utilisent uniquement le gaz pauvre (et dans ce cas la consommation s'abaisse à 450 grammes de houille par cheval-heure) ou les gaz perdus provenant des hauts fourneaux ; cette dernière application surtout semble prendre actuellement un développement grandiose : un haut fourneau produisant 100 tonnes de fonte par jour donne environ 16.000 mètres cubes de gaz par heure, qui peuvent produire une puissance d'au moins 2.000 chevaux ; dans ces conditions, le kilowatt-an reviendrait à 100 ou 120 francs (intérêt et amortissement compris) : on évalue à 600.000 chevaux la puissance ainsi perdue en Allemagne pour une production de 8.000.000 de tonnes de fonte ; on peut dire que, lorsque toute cette puissance sera utilisée, — et elle ne peut l'être que sous la forme électrique, — la production de la fonte deviendra l'accessoire et celle de l'énergie la principale dans les pays de hauts fourneaux.

IV

L'énergie électrique étant produite par un des procédés que nous venons d'étudier, il s'agit de la transporter ; les distances de transport augmentent tous les jours : San-Francisco utilise pour ses tramways l'énergie produite par les chutes de l'Ubax, à une distance de 355 kilomètres.

Le système le plus généralement employé est celui des courants triphasés à haute tension : l'énergie est produite au moyen de groupes électrogènes de 1.000 à 7.000 kilowatts, directement jusqu'à 10.000 ou 12.000 volts environ, par transformation jusqu'à 25.000 volts, et souvent par double transformation au-dessus de 25.000 volts.

La tension la plus élevée en France est de 28.000 volts (réseau de l'Énergie électrique du Littoral méditerranéen), en Europe de 40.000 volts (Transport de Gromo à Membro dans le Nord de l'Italie), en Amérique de 50.000 volts (Missouri River Power C^o^).

En général les lignes employées pour les très grandes distances sont aériennes, en cuivre, ou quelquefois en aluminium ; les hautes tensions que nous venons de signaler amènent à employer des isolateurs à plusieurs cloches et de très grandes dimensions pour éviter les décharges disruptives : ceux de la Missouri River ont 22 centimètres de diamètre et 13 centimètres de hauteur. Pour la même raison, et pour éviter les effluves entre fils, les conducteurs doivent être écartés les uns des autres ; dans la même installation, les trois fils de la ligne triphasée occupent les trois sommets d'un triangle équilatéral de 2 mètres de côté.

Les lignes souterraines, dont on peut évaluer le prix à trois fois celui des lignes aériennes, sont beaucoup moins répandues ; cependant on sait aujourd'hui construire des câbles qui, aux essais, résistent à une tension de 100.000 volts : des théories nouvelles et fort simples ont montré que, dans un câble, toute la masse de l'isolant ne travaille pas à la même tension, et que c'est dans le voisinage immédiat du conducteur que le gradient du potentiel est le plus élevé (1) ; ce sont donc les régions où il faut surtout employer des isolants à grande rigidité électrostatique. La plus longue ligne souterraine (comme transport) qui existe en France est une ligne de 13 kilomètres à 10.000 volts sur le réseau de la Méditerranée ; des câbles à 26.000 volts sont en service à Toulon. Les lignes aériennes ont, par rapport aux lignes souterraines, le grave inconvénient d'être exposées aux accidents dus à l'électricité atmosphérique. Les coups de foudre directs sont rares, et les électriciens, à l'heure actuelle, semblent craindre surtout les élévations de tension causées indirectement soit par des phénomènes d'influence électrostatique, soit par des phénomènes d'induction provoqués par les décharges oscillantes dues aux coups de foudre voisins. Il semble que, tant que l'isolement des lignes était médiocre, comme c'était le cas pour les lignes à basse tension, les élévations anormales de tension ne se produisaient pas, l'équilibre ayant le temps de s'établir suffisamment par la faible conductibilité des supports. Mais, à mesure que l'isolement est plus soigné, les hautes tensions dues aux phénomènes atmosphériques peuvent se développer sans se dissiper au fur et à mesure, et alors elles cherchent un point faible où elles provoquent

(1) Un câble armé, construit pour supporter 25.000 volts, avec 14mm,5 d'épaisseur d'isolant, supporte 5.000 volts par millimètre dans le voisinage du conducteur, et seulement 2.270 volts par millimètre dans le voisinage de l'enveloppe

des désordres importants. La question des parafoudres, destinés à intervenir en cas de décharge brusque, et des limiteurs de tension, destinés, par des fuites volontairement établies, à empêcher toute élévation de tension, est donc devenue capitale dans les transmissions à longue distance.

Mais, qu'il s'agisse de câbles souterrains ou de lignes aériennes, d'autres élévations de tension sont à craindre : ce sont celles qui sont dues soit à la résonance inattendue d'un harmonique de la tension principale dont la période se trouve coïncider avec celle des oscillations propres de la ligne, soit à la rupture brusque d'un court-circuit qui provoque ce que l'on appelait autrefois un extra-courant de rupture, extra-courant dont le calcul est fort compliqué si on veut tenir compte de toutes les circonstances qui interviennent. Aussi les parafoudres et les limiteurs de tension sont-ils aujourd'hui considérés et étudiés comme des appareils de protection contre toutes les élévations anormales de tension, que ces élévations soient d'origine atmosphérique ou autre.

Les appareils accessoires dans ces grandes lignes de transmission prennent une grande importance : c'est ainsi que les interrupteurs deviennent de véritables machines ; la rupture de l'arc dans l'air entraînerait à des dimensions tout à fait excessives ; aussi, l'usage est-il très généralement répandu aujourd'hui de rompre ces arcs dans l'huile. Nous citerons ici un interrupteur triphasé, à huile, capable d'interrompre une puissance de 750 kilowatts sous 30.000 volts. Les disjoncteurs du Métropolitain de New-York, qui peuvent couper 5.000 kilowatts sous 11.000 volts, sont d'un type analogue.

En général, le courant triphasé à haute tension n'est pas utilisé tel quel à la station d'arrivée : il est soit transformé en courant triphasé à tension moindre, soit même transformé en courant continu à basse ou moyenne tension par commutatrices ou par des groupes moteurs-générateurs.

Parallèlement au système de transmission par courants triphasés à haute tension, se développait sur un champ d'action plus restreint le très intéressant système série à intensité constante par courants continus à haute tension. Ce système, auquel s'attache invinciblement le nom de M. Thury, consiste à placer en série, sur un même circuit, toutes les génératrices d'une part, toutes les réceptrices de l'autre, et à faire varier, suivant la demande de puissance, non pas l'intensité du courant, qui reste constante à toute charge, mais la tension de la station génératrice.

Le plus récent exemple et le plus beau d'un transport par courant continu série est celui de Saint-Maurice-Lausanne, sur une distance de 56 kilomètres : le courant est constant et maintenu, quelle que soit la demande de puissance, à 150 ampères. La tension, au contraire, peut varier de 0 à 23.000 volts. A l'arrivée, le courant principal met en mouvement des groupes moteurs-générateurs, de manière à transformer le système intensité constante, qui se prête bien aux longues transmissions, en système à potentiel constant, qui se prête bien aux distributions urbaines. Parmi ces groupes, les uns donnent du courant continu à 500 volts pour les tramways, les autres du courant triphasé à 110 volts pour l'éclairage. Il est assez curieux de rencontrer ici un système où l'énergie est *transportée* sous forme de courant continu et *distribuée* sous forme de courants triphasés.

Tout récemment, un grand transport par le système du courant continu série vient d'être décidé entre Moutiers et Lyon, à une distance de 180 kilomètres ; la tension atteindra 57.600 volts, et l'intensité constante sera de 75 ampères, ce qui correspond à une puissance maxima de 4.320 kilowatts.

V

Parmi les diverses formes sous lesquelles peut être utilisée l'énergie électrique, la plus importante est la forme mécanique. Les moteurs à courant continu, les moteurs synchrones ou asynchrones à courants alternatifs polyphasés sont classiques aujourd'hui. Le seul problème qui restait à résoudre jusqu'à ces derniers temps était celui du moteur monophasé : on possédait bien, il est vrai, le moteur asynchrone monophasé ; mais ce moteur démarre mal et par des artifices compliqués ; c'est surtout à ce point de vue d'un puissant couple de démarrage que se sont placés les inventeurs récents, et en particulier l'un des plus distingués de nos anciens élèves de l'École supérieure d'Électricité, M. Marius Latour. Ces nouveaux moteurs, dont l'avenir semble considérable pour la traction électrique, sont fondés sur l'artifice du collecteur étendu aux courants alternatifs. Tout le monde sait que, si l'on envoie un courant alternatif dans un moteur ordinaire à courant continu excité en série, ce moteur se met à tourner : cela tient à l'une des lois fondamentales d'Ampère, à savoir que le sens des actions qui s'exerce entre deux circuits ne change pas si l'on renverse à la fois le courant dans l'un et l'autre de ces deux circuits. Mais un moteur simple, ainsi constitué, a des inconvénients graves : en premier lieu, les courants induits dans les noyaux massifs des inducteurs (courants de Foucault) entraînent une perte d'énergie considérable et, par suite, un mauvais rendement : il est facile de remédier à cet inconvénient en substituant aux noyaux massifs des noyaux de tôle feuilletée ; en second lieu, la self-induction considérable de ces moteurs réduit beaucoup la puissance qu'on peut leur demander pour un volume ou un poids donné : parmi les différentes solutions qu'on a données du problème consistant à réduire cette self-induction sans rien sacrifier sur le couple utile, l'une des plus ingénieuses est due à M. Marius Latour : elle consiste à placer, à angle droit avec les balais ordinaires, c'est-à-dire suivant la ligne des pôles, deux autres balais réunis en court-circuit ; la théorie complète de ce moteur est trop délicate pour pouvoir être abordée ici.

Nous n'avons pas à décrire les applications véritablement innombrables qu'ont aujourd'hui les moteurs électriques : application aux ateliers de toute espèce, ateliers mécaniques, ateliers de filature et de tissage, etc. ; application aux appareils de levage, grues, treuils, ponts roulants ; application aux mines (pompes, ventilateurs, tracteurs, etc.), où la plus puissante des machines minières, la machine d'extraction, commence à être commandée électriquement (1). Mais l'industrie où les moteurs électriques ont exercé la plus profonde influence est celle de la traction. Nous ne rappellerons que pour mémoire l'immense développement des tramways électriques, dont les réseaux atteignent une longueur de 96.400 kilomètres en Amérique, et nous rechercherons seulement les tendances qui se manifestent actuellement pour la traction des trains lourds sur des lignes interurbaines de grande longueur ; ces tendances peuvent se

(1) La machine d'extraction, à marche essentiellement intermittente, et mue jusqu'ici par la vapeur, entraîne des dépenses excessives de vapeur jusqu'à 49 kilogrammes de vapeur par cheval-heure sur le câble d'extraction. En employant des moteurs électriques, et en emmagasinant l'énergie pendant les périodes de descente, soit dans de lourds volants, soit dans des batteries d'accumulateurs, on annonce des consommations de 18 kilogrammes par cheval-heure : en fait, dans une installation existante, on a constaté des économies de un tiers sur le combustible employé.

ramener à deux : la substitution aux trains remorqués par une locomotive de trains constitués par des voitures toutes automotrices, et l'emploi des courants alternatifs à haute tension.

La première disposition a l'avantage de substituer à un moteur unique, qui deviendrait trop puissant et peu maniable, une grande quantité de moteurs plus petits, attaquant directement les essieux de toutes les voitures. L'adhérence utile est ainsi augmentée ; on se débarrasse du poids mort de la locomotive, et le réglage de tous ces moteurs de moyenne puissance est plus facile que celui d'un ou deux moteurs de très grande puissance : ce réglage s'effectue de la manière suivante : le contrôleur (pour conserver le mot, maintenant passé dans l'usage pour désigner l'appareil de réglage placé sous la main du mécanicien) ne commande plus directement le courant envoyé aux moteurs ; il ne commande que des relais placés sous chaque voiture. Aussi ce contrôleur peut-il être de dimensions très réduites, puisqu'il n'y passe que des courants faibles, et il est curieux de constater que l'appareil de manœuvre des trains lourds à grand nombre de voitures est de dimensions plus restreintes que le contrôleur ordinaire de nos tramways. Les relais dont il a été question opèrent d'ailleurs, sous chaque voiture, les manœuvres ordinaires de réglage, c'est-à-dire, au démarrage, la suppression graduelle des résistances en série, les deux moteurs de chaque voiture étant en série, puis, une fois ces résistances supprimées, la mise en parallèle des deux moteurs avec résistances en série, et enfin, pour les grandes vitesses, la suppression totale des résistances, les deux moteurs étant en parallèle.

La deuxième tendance, qui se manifeste dans la grande traction comme dans les transports à grande distance, c'est l'emploi de hautes tensions. Les moteurs de traction, qui sont si exposés aux courts-circuits, ne se prêtent pas à l'utilisation directe de ces hautes tensions : un intermédiaire est indispensable. Dans les systèmes les plus répandus jusqu'ici, cet intermédiaire se trouve dans les sous-stations de transformation. Dans ces sous-stations, l'énergie électrique, amenée sous forme de courants alternatifs à haute tension, est transformée d'abord en courants alternatifs à basse tension par des transformateurs statiques, puis en courant continu, soit par des commutatrices, soit par des groupes moteurs-générateurs, et enfin transmise aux trains en marche par des frotteurs appropriés.

Ces sous-stations sont fort coûteuses, et d'installation et d'entretien : aussi la tendance actuelle est-elle de transmettre directement le courant à haute tension aux trains en marche, de le transformer en courant à basse tension, au moyen de transformateurs statiques placés sur ces trains eux-mêmes, et de l'utiliser sous forme alternative sans le transformer en courant continu : c'est donc la question des moteurs à courants alternatifs qui se pose d'une manière à peu près forcée, à moins qu'on ne redresse le courant alternatif par un commutateur tournant synchrone en évitant les étincelles par des artifices appropriés.

Une qualité qui prime tout dans les moteurs de traction est la possibilité de démarrages puissants et rapides. Or, jusqu'à ces dernières années, les moteurs triphasés pouvaient seuls, en courant alternatif, être agencés de manière à avoir cette propriété que possède à un si haut degré de perfection le moteur série à courant continu. Mais l'emploi du courant triphasé exige au moins deux contacts frottants, en admettant que l'on se serve des rails comme troisième conducteur ; on est donc amené à cette difficulté considérable : établir deux ou trois contacts frottants, à haute tension, entre une ligne fixe et un train à grande vitesse ; comme exemple de la tentative la plus intéressante faite dans ce sens, nous citerons les essais faits en Allemagne sur la ligne Marienfeld-Zossen, de 23 kilomètres de long. Le courant triphasé, à 14.000 volts entre fils, est amené à la voiture par prises de courant à archet. La voiture porte quatre moteurs de 200 kilowatts chacun, pouvant atteindre 600 kilowatts au démarrage ; le courant est transformé, sur la voiture, soit à 1.200 volts (Siemens), soit à 500 volts (A. E. G.) ; on a atteint, sur une voie exceptionnellement bonne et préparée pour cet essai, des vitesses de 200 kilomètres par heure ; à ces vitesses, la pression de l'air à l'avant de la voiture atteint 200 kilogrammes par centimètre carré.

L'inconvénient des deux prises de courant n'est pas le seul des moteurs triphasés ; ces moteurs sont d'une construction délicate, à cause du très faible entrefer qu'ils doivent avoir, et de plus ce sont des moteurs à vitesse presque rigoureusement constante. On a essayé, pour faire varier cette vitesse, un grand nombre d'artifices dont voici les principaux : passage de la connexion en étoile à la connexion en triangle des enroulements ; montage en cascade de deux moteurs, le rotor du premier, au lieu d'être en court-circuit, étant fermé sur le rotor du second, et le stator de celui-ci en court-circuit : changement du nombre de pôles du moteur par des connexions convenables.

Tous ces artifices sont plus ou moins compliqués ou insuffisants, et l'on ne retrouve plus ici la souplesse du courant continu. Aussi espère-t-on beaucoup des nouveaux moteurs à courants alternatifs à collecteur dont nous avons parlé plus haut et qui partagent jusqu'à un certain point les qualités des moteurs à courant continu. Il existe dès maintenant un certain nombre de lignes à traction alternative monophasée à prise de contact unique; la tension est abaissée par un transformateur placé sur la voiture même, et le réglage de vitesse s'obtient soit par l'intercalation de bobines de réaction, soit par la variation du rapport de transformation du transformateur.

Parallèlement à ces tentatives se développent aussi d'intéressants essais de traction par courant continu à haute tension : comme exemple, nous citerons la locomotive construite par la Compagnie de l'Industrie électrique pour la ligne de Saint-Georges-de-Commiers à la Mure (Isère), qui comporte 4 moteurs de 125 chevaux chacun, à 600 volts, constamment en série ; le courant, à 2.400 volts, est amené à la locomotive par deux archets ; le milieu du circuit des moteurs est à la terre par l'intermédiaire des rails, en sorte que la différence de potentiel dangereuse n'est que de 1.200 volts.

Les projets de grande traction électrique se développent rapidement ; la Suède estime qu'avec ses 100.000 chevaux de chute d'eau elle pourrait alimenter ses 4.950 kilomètres de chemin de fer et réaliser ainsi une économie de 50 0/0 sur les 20 millions qu'elle dépense annuellement ; la Suisse estime que 90.000 chevaux hydrauliques pourraient être utilisés sur ses voies ferrées ; en France, l'exploitation électrique de portions de réseaux (Paris à Versailles, sur la Compagnie de l'Ouest ; Paris à Juvisy, sur la Compagnie d'Orléans ; le Fayet-Saint-Gervais, sur le P.-L.-M.) a donné d'excellents résultats. En Amérique, le New-York Central possède une locomotive à quatre essieux, de 2.000 chevaux, 500 par essieu, à 500 volts par courant continu.

VI

La dernière grande application dont j'ai à rechercher l'évolution actuelle est l'éclairage. L'incandescence du charbon, soit dans l'arc, soit dans la lampe à incandescence, est jusqu'ici la source de lumière généralement employée. Peut-on trouver mieux que le charbon ? Il est permis de le supposer : les propriétés du charbon le rapprochent en effet du corps noir théorique ; et l'on sait qu'il existe des corps réels ayant un rendement lumineux (rapport de la puissance rayonnée dans la partie visible du spectre à la puissance rayonnée totale), meilleur que celui du corps noir.

Dans le domaine de l'arc, au charbon pur on essaye de substituer des mélanges de plus en plus riches en sels métalliques. Ces charbons, introduits en 1900 par M. Bremer, ont été très étudiés et perfectionnés en France par notre confrère M. A. Blondel : les charbons de M. Blondel, par exemple, sont formés d'un mélange de charbon et de matières minérales (en particulier fluorure de calcium additionné de borates alcalino-terreux) contenant jusqu'à 50 ou 60 0/0 de matières minérales; ce mélange forme un cylindre central protégé par une mince couche de charbon pur ; on l'emploie comme pôle positif, et, à l'inverse des arcs ordinaires, on le place en bas : le négatif, situé en haut, est formé par un crayon de charbon ordinaire.

Les principes physiques de ces arcs sont tout différents de ceux des arcs ordinaires. Dans ceux-ci, la véritable source de lumière (pour 85 0/0 du flux lumineux total environ) est non pas l'arc lui-même qui, malgré sa haute température, est peu éclairant, mais le cratère positif sur lequel se produit la base de l'arc et dont la température n'est limitée que par la température d'ébullition de la substance qui forme l'électrode : on cherche donc à élever cette température au maximum en choisissant le corps le plus réfractaire, c'est-à-dire le carbone.

Au contraire, dans le cas des charbons fortement minéralisés, les sels fusibles de chaux, par exemple, qui entrent dans leur composition, ont un point de volatilisation relativement bas, et la température du cratère devient très inférieure à celle des charbons ordinaires; mais alors l'arc lui-même est lumineux et constitue une véritable flamme très éclairante ; grâce au pouvoir émissif de ces vapeurs, qui favorisent l'émission des rayons lumineux au détriment de celle des rayons obscurs, cette incandescence est plus avantageuse au point de vue du rendement que celle du charbon : aussi descend-on à des consommations spécifiques extrêmement faibles, 0,25 watt environ par bougie moyenne sphérique par exemple.

Parallèlement à ces recherches sur l'arc s'effectuent des recherches analogues sur la lampe à incandescence ; la lampe Nernst a été la première tentative, réellement couronnée de succès, de substitution au charbon d'autres corps rayonnants : ces corps sont des oxydes métalliques, ou conducteurs de deuxième classe, qui sont sensiblement isolants aux températures ordinaires, et ne deviennent conducteurs que lorsqu'ils ont été préalablement chauffés. Dans une autre voie, on a cherché à substituer au charbon des métaux à grand pouvoir réflecteur qui utilisent mieux que le corps noir l'énergie rayonnée : on se souvient que, bien avant la lampe à incandescence à filament de carbone dans le vide, on avait songé à utiliser le platine ; mais le point de fusion de ce métal était encore trop bas pour en utiliser convenablement l'incandescence; toutes les recherches récentes ont été dirigées en vue de trouver un métal rayonnant plus réfractaire encore que le platine : la lampe à osmium de Auer, la lampe à tantale de Siemens et Halske rentrent dans cette catégorie; on sait aujourd'hui préparer le tantale sous forme de fils étirés de cinq centièmes de millimètre de diamètre, qui peuvent être portés dans le vide à une température fort élevée sans fondre ; dans ces conditions, la consommation s'abaisse à 1,5 watt par bougie.

A cause de la grande conductibilité du métal employé, le filament de ces lampes doit avoir une longueur très considérable (650 millimètres pour une lampe de 25 bougies 110 volts) et être replié en zigzags pour tenir dans une ampoule de dimensions ordinaires.

Enfin nous devons signaler une lampe toute récente due à M. Canello et qui présente le plus grand intérêt : elle se compose d'un filament formé d'oxydes alcalino-terreux et recouvert d'une mince couche d'osmium métallique : elle participe donc à la fois de la lampe Nernst et de la lampe Auer.

Telle est, Messieurs, la vue d'ensemble que je désirais vous donner sur le développement actuel de l'électrotechnique ; deux caractères essentiels s'en dégagent : la tendance constante vers la grandeur des résultats, et vers la simplicité des moyens d'action ; grandeur et simplicité, ce sont aussi les caractères des sources d'où tout est sorti, je veux dire des immortelles découvertes d'Ampère et de Faraday.

Tours. — Imprimerie Deslis Frères.

www.ingramcontent.com/pod-product-compliance
Lightning Source LLC
LaVergne TN
LVHW052019160826
845678LV00003B/1110

* 9 7 8 2 3 2 9 6 5 0 0 5 0 *